《日本語版凡例》

◉ 原書のデザインを活かし、各ページの図譜番号（planche）と個別の図版番号（fig.）は原書のままとしました。

◉ 各昆虫名や分類名等の訳語は、原書の学名をもとに、日本で一般によく知られている名称を選びました。日本名のない昆虫については、学名のカナ表記もしくは近似種を挙げ、その一種であることを示しました。

◉ 本書では、チョウとガを分けず、チョウ目の昆虫は原則としてすべて「チョウ」と表記しています。

◉ 本文中における、原書出版国であるフランスやヨーロッパ固有の記述については、一部割愛あるいは変更して、日本語版の読者の便を図りました。

◉〔　〕は訳注を示します。

Original title: Inventaire illustré des insectes ©2013, Albin Michel Jeunesse
Japanese translation rights arranged with LES EDITIONS ALBIN MICHEL through Japan UNI Agency, Inc., Tokyo

---

観察が楽しくなる　美しいイラスト自然図鑑
──昆虫編

2017年11月20日第1版第1刷　発行

著　者	ヴィルジニー・アラジディ
挿　画	エマニュエル・チュクリエル
訳　者	泉　恭子
発行者	矢部敬一
発行所	株式会社 創元社

　　　　http://www.sogensha.co.jp/
　　　　本社　〒541-0047 大阪市中央区淡路町4-3-6
　　　　Tel.06-6231-9010　Fax.06-6233-3111
　　　　東京支店　〒162-0825 東京都新宿区神楽坂4-3 煉瓦塔ビル
　　　　Tel.03-3269-1051

組版・装丁　寺村隆史

©2017 Kyoko IZUMI, Printed in China
ISBN978-4-422-40028-0 C0340

本書を無断で複写・複製することを禁じます。
落丁・乱丁のときはお取り替えいたします。

JCOPY〈出版者著作権管理機構 委託出版物〉
本書の無断複写は著作権法上での例外を除き禁じられています。複写される場合は、そのつど事前に、出版者著作権管理機構（電話 03-3513-6969、FAX03-3513-6979、e-mail: info@jcopy.or.jp）の許諾を得てください。

観察が楽しくなる
美しいイラスト自然図鑑
Inventaire illustré des insectes
昆虫編

ヴィルジニー・アラジディ[著] エマニュエル・チュクリエル[画]
泉 恭子[訳]

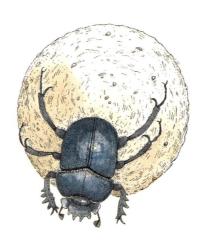

創元社

はじめに

昆虫は、なんと4億年も前からこの地球上に生息してきました。恐竜が地球上に現れるよりはるか以前、3億5千年前にはもう巨大なトンボが空を飛んでいたのです。

現在、地球上の生き物の8割は、昆虫、エビやカニなどの甲殻類、クモなどの節足動物が占めています。そして残りの2割に、哺乳類、鳥類、爬虫類、魚類などが含まれます。科学者はこれまでに100万種以上の昆虫を同定してきました。しかし、実際には500万から1000万種の昆虫が存在するだろうと推測されています。

昆虫はとても役に立つ存在です。昆虫が花のみつを吸う際に受粉が起こり、多くの生き物の食料ができあがるのです。

エマニュエル・チュクリエルは科学的なデッサンを得意とする挿絵画家で、この本でも65のデッサンをとても正確にえがいています。線画は製図用のペンで黒い墨を用いてえがかれ、そこにニュアンスに富んだ色調で、すき通った美しい水彩がほどこされています。

他の節足動物と同じように、昆虫の外骨格もしっかりしていて、内部のやわらかい部分を保護しています。外骨格はキチン質という、しなやかでじょうぶな物質でできています。昆虫の体は3つの部分からなり、1組か2組の羽を持ち、成虫では脚は必ず6本です。

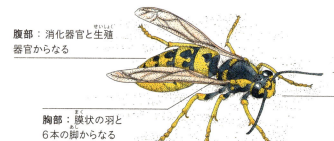

腹部：消化器官と生殖器官からなる

胸部：膜状の羽と6本の脚からなる

触角にはとても細かい毛が生えている。羽のような毛をしているものもあれば、ちがった形の毛の場合もある。触覚をつかさどるほか、湿度や熱も感知し、その上、においまでかぎわける

頭部：触角、目、大あごからなる

昆虫の眼は頭部の側面にあり、全方向360度見わたすことができます。トンボには3万もの小さな眼、個眼が集まった複眼があり、さらに複眼とは別に、単眼もいくつか持っています。ちなみにミツバチも5000もの個眼が集まった複眼を持っています。前頭部に3つの単眼がついている昆虫もいます。

昆虫は音を鼓膜でキャッチするのですが、耳は必ずしも頭部についているわけではありません。バッタの「耳」は腹部にありますし、キリギリスの耳は前脚にあるのです。

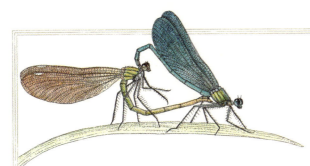

昆虫は変温動物です。昆虫の体温は環境によって変わり、温まりたい時は陽に当たり、温まりすぎた時は、陰に移ります。昆虫の多くは冬になると死んでしまうか、冬眠します。

昆虫は、卵で生まれて成虫になるまでの間に、何度か変態しますが、バッタやゴキブリ、カメムシのような昆虫はさなぎにはなりません。これらの昆虫の変態は不完全変態と言われます。

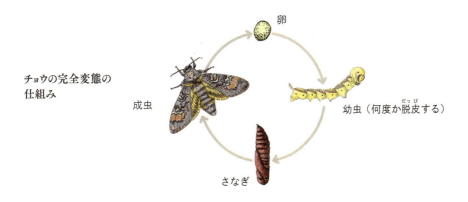

チョウの完全変態の仕組み

目次と凡例

この図鑑では、コウチュウ目、チョウ目というふうに科学的分類にそって、ヨーロッパをはじめ世界のさまざまな地域で見られる昆虫を紹介します。

- **コウチュウ目**：箱状の羽を持つ。前翅〔2対の羽のうち前の1対〕が固くしっかりしたさや羽で、それ以外の弱い羽をまるで甲のように保護している。約37万種存在する。　　　　　p.6〜15
- **チョウ目**：鱗粉の羽を持つチョウやガを指し、約15万種存在するとされる。羽はまるで、重なりあったウロコのようである。　　　　　p.16〜23
- **ハエ目**：約10万種存在する。ハエ、カ、アブなど。前翅が1対しかない。後翅〔後方の羽の1対〕が退化して、こん棒状の平均棍となっている。　　　　　p.24〜25
- **ハチ目**：膜質の羽を持つ。約12万種存在。ミツバチやスズメバチなど。　　　　　p.26〜28

- **シロアリ目、トンボ目、カメムシ亜目、ゴキブリ目、シラミ目、ハサミムシ目、ヨコバイ亜目、キリギリス亜目、バッタ亜目、カマキリ目、ナナフシ目**　　　　　p.29〜41

実物大でえがかれていない昆虫については、実寸のシルエット（影絵）を併載しています。

人間よ、眼を開け！　2つしかないその小さな眼を！

[コウチュウ目]

テントウムシ

半球形の形をした小さな甲虫。短い脚と触角を持つ。〔害虫である〕アブラムシを食べて、庭の生態系のバランスを保つ役目を果たす。

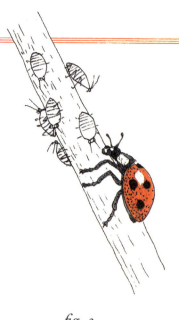

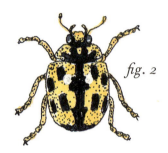

fig. 1

fig. 2

fig. 3

シロジュウシホシテントウ
Calvia quatuordecimguttata
体長 5mm
オレンジがかった色、あるいは黒っぽい色をしている。眼は黒くて突き出ている。

コカメノコテントウ
Propylea quatuordecimpunctata
体長 6mm
背中の模様が、数個ずつくっつき合って、黒い帯のようになっている。

ナミテントウ
Harmonia axyridis
体長 8mm
大きなテントウムシで、赤、オレンジ色、黒、黄色のものがいる。中国原産で、アブラムシを食べることからヨーロッパにもたらされた。しかし、熟したぶどうの実や他のテントウムシの幼虫も食べてしまう。

fig. 4

ウンモンテントウの一種
Anatis ocellata
体長 10mm
さや羽に目玉模様のような紋のあるとても大きなテントウムシ。ヨーロッパや北米にいる。

fig. 5

ナナホシテントウ
Coccinella septempunctata
体長 7mm
後頭部に白斑がある。

— *planche 1* —

［コウチュウ目］

花にとまっている
キンイロハナムグリはほぼ実物大

キンイロハナムグリ
Cetonia aurata

体長　20mm

メタリックな緑色をしており、個体によって赤みがかっているものや青みがかっているものもいる。さや羽には結合している部分があり、飛ぶ時は、膜状の羽を体の側面に広げる。バラや果樹の受粉を仲介する。幼虫はくさった木の中で生活し、有機物をリサイクルしている。

fig. 1

fig. 2

ヒジリタマオシコガネ
Scarabaeus sacer

体長　30mm

タマオシコガネ属の中で最も大きい昆虫。頭の縁のところと前脚2本はギザギザした形で、それをシャベルのように使って、フンを集め、球にして転がす。その球に卵を産み、幼虫はフンを食べて育つ。後ろ脚は曲がっていて、球を丸くするのに使う。球は小さなリンゴほどの大きさになる。糞食生物として排泄物を食べ、リサイクルに一役かっている。

— *planche 2* —

［コウチュウ目］

ヨーロッパコフキコガネ
Melolontha melolontha

体長　30 mm

幼虫は白っぽい色をしており、地中で3年生活し、その間に2回脱皮する。植物の根を食べる害虫。ハリネズミやモグラ、オサムシ、カエルはコガネムシの幼虫を食べて個体数を減らしてくれるので、有益である。

春に成虫になって地中から出てくる。成虫のさや羽は赤みがかっている。成虫になってからは1ヶ月しか生きられない。林の中で集団で暮らし、樹木の葉を食べ繁殖する。

— *planche 3* —

［コウチュウ目］

このゴライアスオオツノハナムグリは、
ほぼ実物大

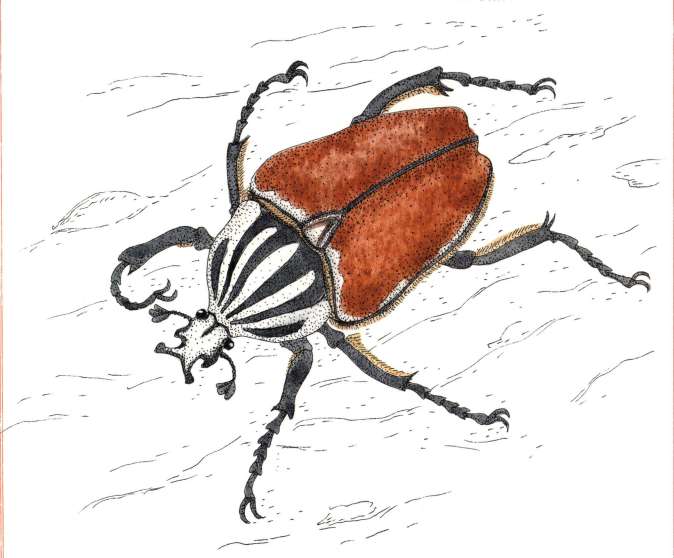

ゴライアスオオツノハナムグリ
Goliathus goliatus

体長　オス100mm、メス80mm

ハナムグリの一種。熱帯雨林の林冠〔太陽の光を直接受ける高木の枝葉がしげる部分〕に生息している。甲虫のなかで最も体重の重い種のひとつで、100gにもなる。胸部の背面、頭部とさや羽の間に見える部分には、縞模様があり、さや羽は結合している。オスには頭部に2本の角がある。

— *planche 4* —

［コウチュウ目］

このヨーロッパルリボシカミキリは、ほぼ実物大

ヨーロッパルリボシカミキリ

Rosalia alpina

体長　38mm

森に生息する甲虫で、カミキリムシの一種。青と黒が等間隔に並んだ長い触角を持ち、黒い部分には短毛の束がある。ブナの木に生息している。フランス語では「アルプスのカミキリムシ」と呼ぶが、ピレネー山脈やコルシカ島、ヨーロッパのいくつかの国にも生息している。保護種であり、捕獲することは禁じられている。

クマゲラが
コウチュウ目の幼虫
を探しているようす

— *planche 6* —

［コウチュウ目］

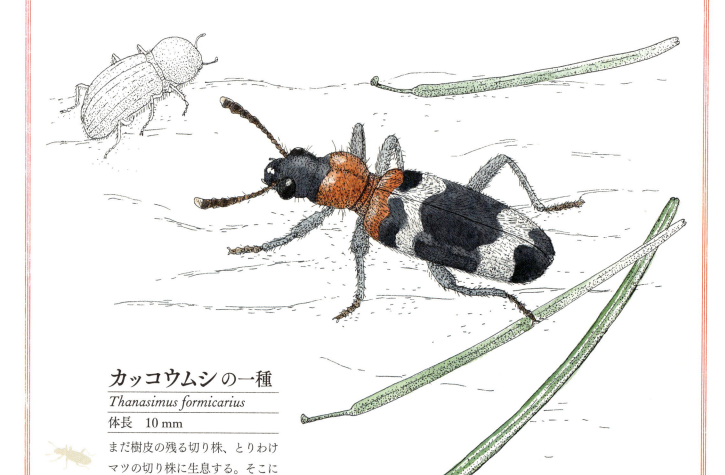

カッコウムシの一種
Thanasimus formicarius
体長　10 mm

まだ樹皮の残る切り株、とりわけマツの切り株に生息する。そこにいる小型の甲虫をつかまえ、あおむけにひっくり返し、切り刻んでむしゃむしゃとむさぼり食べる。ヨーロッパにいる昆虫だが、北米にも入ってきている。

— *planche 7* —

［コウチュウ目］

fig. 1

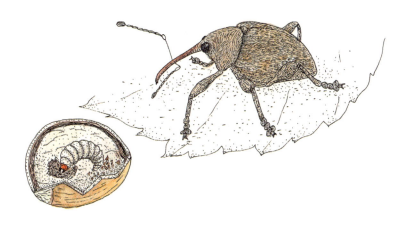

クルクリオ・ヌークム
Curculio nucum

体長　12mm

ジギゾウムシ。飛行する甲虫。ここにえがかれているものはオスで、口吻は短く、そこについている触角は曲がっていて、口吻の先端には小さなあごが2つある。体はうす茶色の鱗片でおおわれている。メスの口吻は、自分の体よりも長い。春になるとこの長い口吻を使って、まだ熟していないヘーゼルナッツの実に穴をあけてそこに卵を産みつけたり、ヘーゼルナッツの葉を刺したりする。秋に、小さな穴のあいたヘーゼルナッツが地面に落ちていたとしたら……これは、その殻から出てきた幼虫が食べたあとである。その後、幼虫は冬を越すために地中にもぐりこむ。

ここにえがかれている
コロラドハムシは
ほぼ実寸大

コロラドハムシ
Leptinotarsa decemlineata

体長　11mm

北米原産の甲虫で、さや羽は黄色、そこに黒の縞模様がある。ジャガイモの葉を食べつくしてしまう。成虫になると冬眠して姿をかくし、春になると出てくる。ジャガイモの葉の上に卵を産む。卵がかえると赤い幼虫が出てきて、その後オレンジ色に変わり、3週間土中にもぐってさなぎになった後、成虫になる。

fig. 2

— *planche 8* —

43

［コウチュウ目］

ここにえがかれている
ヨーロッパミヤマクワガタは
ほぼ実寸大

ヨーロッパミヤマクワガタ
Lucanus cervus

体長　オスおよそ75mm、メスおよそ35mm

オスは巨大な甲虫で、鹿の角の形によく似た、非常に発達した大あごが特徴。学名もそれにちなんでいる。この大あごは、交尾の時に敵を追いはらうためにあるもので、何かをかんだり、つかんだりすることには使われない。メスはオスとちがい、あごが小さい。ナラの森で、その樹液を吸って生息する。夕暮れ時になると飛び回る。古い切り株の中で、5年かかって成虫になるが、成虫になってからは1ヶ月ほどしか生きられない。

— *planche 9* —

［コウチュウ目］

ミドリニワハンミョウ
Cicindela campestris

体長　15mm

さや羽は緑色で、そこに白い斑がある。巨大な頭部の裏側と脚は赤銅色をしており、眼は飛び出ている。幼虫は30mmにまでなる。地面に穴を垂直方向にほってそこに身をひそめ、獲物が通りすぎるのを待つ。強力なあごを持つ肉食動物で、飛ぶこともでき、長い脚を上手に使ってとても速く走り、獲物に追いつき、つかまえる。触角を使って、ものに触れたり、においを感じたり、エサを食べたりする。

— *planche 10* —

［チョウ目］

昼行性のチョウ

fig. 1

キベリタテハ
Nymphalis antiopa
開長〔羽を広げた時のサイズ〕 75mm

昼行性の大きなチョウで、羽は茶色、茶色の縁のところには青い斑紋があり、その外側は白くなっている。ヨーロッパや北米、アジア、オーストラリア、マダガスカル島に生息している。
森のなかの湿地帯、なかでもヤナギやカバノキが一緒に生えている場所で、冬の終わりごろによく見かける。

このキベリタテハはほぼ実寸大

fig. 2

ムラサキツルギタテハ
Marpesia marcella
開長 34mm

このチョウには、後翅の先端に「しっぽ」がある。南米の熱帯雨林に生息している。

— *planche 11* —

[チョウ目]

アポロウスバシロチョウ
Parnassius apollo

開長　70mm

昼行性の大きなチョウ。毛が生えており、白い羽には黒と赤の目玉模様がある。ヨーロッパや中央アジアの山岳地帯の草原に生息している。
レッドリストで絶滅危惧種の中の危急種に位置づけられている。アザミのような紫色の花のみつを好む。

— *planche 12* —

［チョウ目］

ニシキオオツバメガ
Chrysiridia rhipheus
開長　90mm

マダガスカル島固有種の大きなチョウ。昼行性。羽はとても派手な色合いで、先端に白と水色の「しっぽ」をたくさんつけている。マダガスカル島東部の森林地帯と西部の森林地帯の間を移動しながら、森のつる植物にとまって生活している。マダガスカルでは、死者の魂はチョウの形をして現れると信じられており、チョウを決して殺してはいけないとされている。

— *planche 14* —

[チョウ目]

fig. 1

ヨーロッパアカタテハ
Vanessa atalanta
開長　64mm

北半球の温暖な地域に生息する移動性のチョウ。羽は黒地にオレンジ色の帯模様が入っている。花のみつや果汁を吸う。

fig. 2

ヤマキチョウ
Gonepteryx rhamni
開長　45mm

羽はうすい葉のようで、丸みを帯びてはいない。オスはレモンイエローだが、メスはそれより青みがかった、少し緑っぽいレモン色をしている。つかまえると「死んだふり」をする。ヨーロッパ、ロシア、南アフリカの山間部に生息している。

fig. 3

オオモンシロチョウ
Pieris brassicae
開長　33mm

キャベツに卵を産み、幼虫はそれを食べて育つ。

fig. 6

コヒオドシ
Aglais urticae
開長　55mm

羽はオレンジ色で、縁に黒で飾り模様が入っている。イラクサの葉を食べて育つ。

fig. 4

ラシオンマタ・メゲラ
Lasiommata megera
開長　オス45mm、メス50mm

温暖な地域に生息し、羽はオレンジがかった黄色で、そこに茶色の線が入っている。羽には、黒い目玉模様がある。地面から熱を得て自分の体を温めるために道にとまる。

fig. 5

イカロスヒメシジミ
Polyommatus icarus
開長　35mm

小さなチョウで、オスは少し金属めいた青色、メスは茶色をしている。マメ科の植物を好む。ヨーロッパ、アジア、北米に生息し、堆肥の近くによくいる。

クモマツマキチョウ
Anthocharis cardamines
開長　45mm

オスは白とオレンジ色、メスは白色で、草原や森のはずれに生息している。

fig. 8

クジャクチョウ
Inachis io
開長　60mm

あざやかな紅色の羽には目玉模様が入っている。

キアゲハ
fig. 9
Papilio machaon
開長　50mm

大きなチョウで、羽はあわい黄色の三角形をしており、その先に「しっぽ」が2つついている。長い距離を飛び、高いところまで飛翔する。

fig. 7

— *planche 15* —

［チョウ目］

fig. 10

シータテハ
Polygonia c-album
開長　50mm

羽の形がとてもギザギザしているチョウで、生け垣や林間の空き地に生息している。羽を折りたたむと、枯れ葉のようにみえる。羽の裏側にCの形の白い模様があり、学名もそれにちなむ。ヨーロッパ、北アフリカ、中国、日本で見ることができる。

fig. 11

ヨーロッパタイマイ
Iphiclides podalirius
開長　オス50mm、メス70mm

羽に黒の縞模様が入っている大きなチョウ。まるで火であぶられたような模様で、フランス語の名前「フランベ」は、それに由来している。花のさいている場所や標高2000m以下の山地を好む。

fig. 12

ヨツモンシタベニヒトリ
Euplagia quadripunctaria
開長　55mm

日中も夜も活動し、日の差す明るい森や灌木のしげみにいる。羽を休めている時は前翅で後翅をかくすため、まるで三角形のような形に見える。

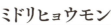

fig. 13

ミドリヒョウモン
Argynnis paphia
開長　65mm

大きなチョウで、オレンジ色の羽に、黒で点々と模様が入る。オスの羽には黒い線も入っている。スミレを食べ、林間の空き地で生活する。北アフリカ、日本、アジアの温帯地域、ヨーロッパに生息する。フランス語名は「スペインのキオスク」であるにもかかわらず、スペイン南部には生息していない。

fig. 14

イリスコムラサキ
Apatura iris
開長　70mm

羽を広げると、背にVの字型の白い帯状の線が染めつけられているように見える大きなチョウ。オスはメタリックな青色、メスはつやのある茶色をしている。ヤナギやポプラ、ナラの林や果樹園を好む。ヨーロッパ、アジア、日本にいる。

このページのチョウは縮小してえがいている

[チョウ目]

夜行性のチョウ

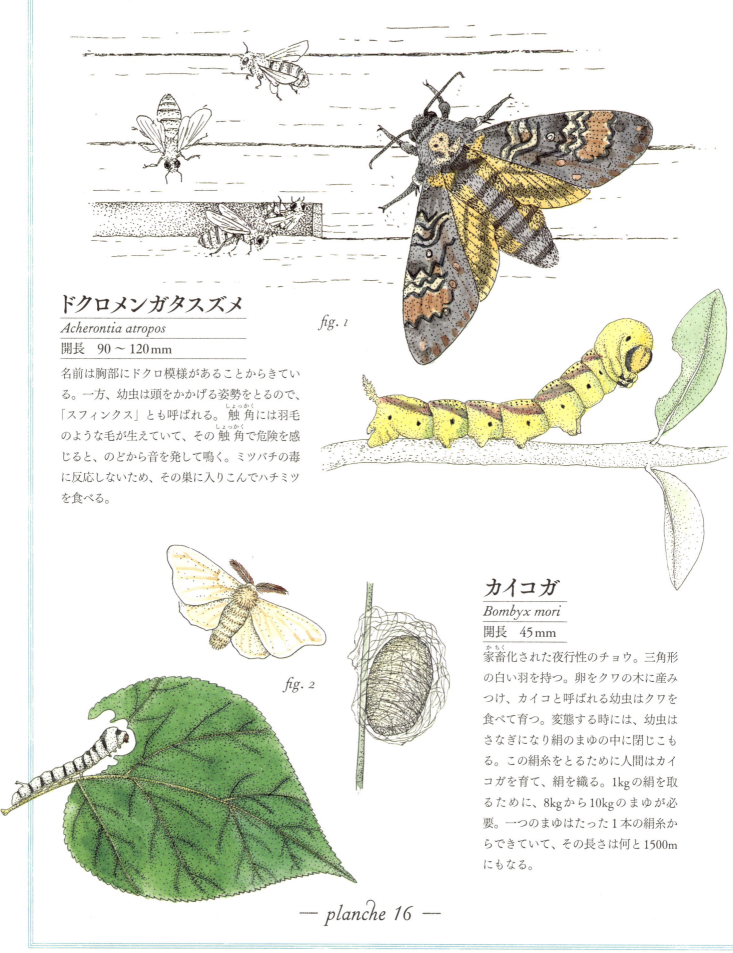

ドクロメンガタスズメ
Acherontia atropos
開長　90〜120mm

名前は胸部にドクロ模様があることからきている。一方、幼虫は頭をかかげる姿勢をとるので、「スフィンクス」とも呼ばれる。触角には羽毛のような毛が生えていて、その触角で危険を感じると、のどから音を発して鳴く。ミツバチの毒に反応しないため、その巣に入りこんでハチミツを食べる。

fig. 1

カイコガ
Bombyx mori
開長　45mm

家畜化された夜行性のチョウ。三角形の白い羽を持つ。卵をクワの木に産みつけ、カイコと呼ばれる幼虫はクワを食べて育つ。変態する時には、幼虫はさなぎになり絹のまゆの中に閉じこもる。この絹糸をとるために人間はカイコガを育て、絹を織る。1kgの絹を取るために、8kgから10kgのまゆが必要。一つのまゆはたった1本の絹糸からできていて、その長さは何と1500mにもなる。

fig. 2

— *planche 16* —

[チョウ目]

このページのチョウはすべて
ほぼ実寸大である
ただし、幼虫は大きさが異なる

ミイロタイマイ
Graphium weiskei
開長　70mm

ニューギニア島にいる夜行性のチョウ。紫色(むらさき)をしている。標高2400mの高地にまで生息している。

fig. 1

fig. 2

ヨナグニサン
Attacus atlas ryukyuensis
開長　250mm

アジアにいる夜行性のチョウで、マダガスカルオナガヤママユなどと並んで世界最大。羽の外縁(がいえん)部分の模様や形から、「コブラのチョウ」とも呼ばれる。オスの触角(しょっかく)はメスのものより大きく、毛が生えている。

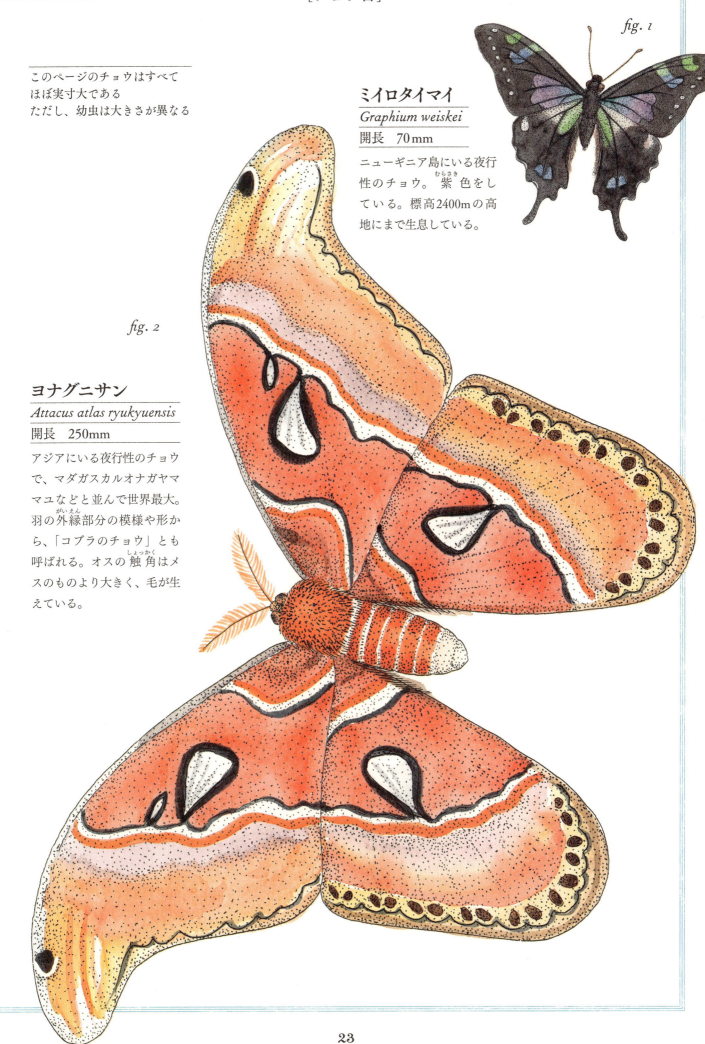

［ハエ目］

カ
Culex pipiens
体長 8mm

他のハエ目の昆虫と同じように、羽は細長い形で2枚しかない。飛んでいない時は、体に沿うように羽を折りたたんでいる。長い触角を持ち、オスの触角には毛が生えている。メスは固い口吻を持っていて、それで刺して血を吸う。夏には週に2回刺して血を吸うが、冬になると2週間に1度になる。血は産卵のために必要とされる。オスは花のみつや樹液を吸って生きている。

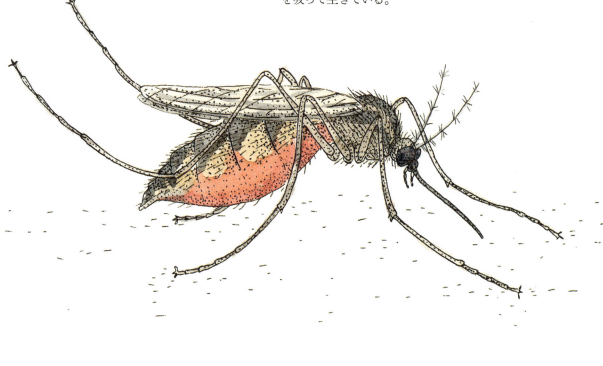

卵から幼虫（ボウフラ、右図を参照）、さなぎへと成長する間は、水中で暮らしている

— *planche 17* —

[ハエ目]

fig. 1

イエバエ
Musca domestica

体長　8mm

ヒトが暮らす場所の近くで生息するハエ。世界中のあらゆる場所にいる。
胸部は灰色で背中には縞模様があり、体は毛でおおわれている。口吻の先は2つに分かれて小さいクッションのようになっていて、そこから食べ物を吸いこむ。食べ物がかたすぎる時は唾液をまき散らしてやわらかくして吸いこむ。寿命は2週間から4週間。脚の先端部分、かぎづめのようになっているところの間に、球状のものがいくつもついていて、そこからねばねばした液を分泌するので、頭を下にして真っ逆さまに歩くこともできるし、切り立った、つるつるした面を進むこともできる。飛ぶ時にぶんぶんと音を立てる。

ベッコウハナアブの一種
Volucella zonaria

体長　20mm

よく飛び回る昆虫。腹部には黒と黄色、または黒とオレンジ色の縞模様があり、見た目がミツバチやモンスズメバチに似ているため、結果、捕食動物にねらわれにくくなる。花のみつを吸って生きているので、ハナアブが花に向かって飛んで、そこに止まってじっとしている姿をよく見かける。幼虫はスズメバチの巣で育つ。ぶんぶんと音を立てる。

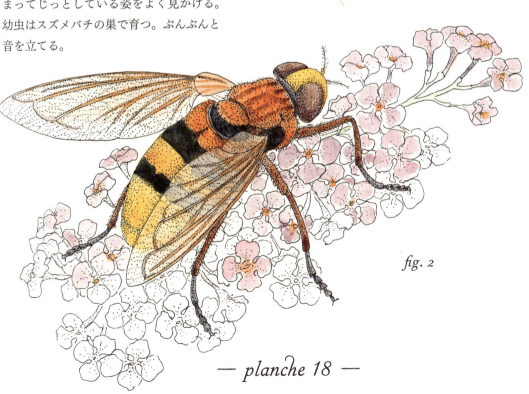

fig. 2

— *planche 18* —

25

[ハチ目]

キオビクロスズメバチ
Vespula vulgaris

体長　17mm（女王バチは約20mmになる）

腹部は黒色でそこに黄色の縞が入っている。羽は4枚あり、2枚ずつつながっていて、じっとしている時には、羽は体に沿っている。針と大きな複眼を持ち、巣で生活する。巣は、木をかみくだいたもので作られている。肉食で、毛虫その他の害虫をたくさんとって食べるので、庭の益虫である。巣は、土の中や建物の骨組み、木のうろなどに作られることが多い。1本の針で何度も刺すことができる。4000種ものスズメバチが存在する。

— *planche 19* —

[ハチ目]

セイヨウミツバチ
Apis mellifera

体長　12mm（女王バチは約20mmになる）

とても進化した社会性昆虫で、その群れ（コロニー）のミツバチはすべて、ただ1匹の女王バチによって産卵されたものである。花のみつを吸って食べ、同時に後ろ脚にあるかごの中に花粉を集める。そしてその花粉を幼虫に食べさせる。冬になると、ミツバチの巣のハチミツを食べる。東南アジア原産だが、ハチミツをとるために世界中で飼われている。攻撃されると針で刺して反撃するが、その後すぐに死んでしまう。

— *planche 20* —

［ハチ目］

fig. 1

ヒアリ
Solenopsis invicta

体長　2mmから7mm

赤い色をしたアリでかみつきはしないが、針で刺す。大あごをうまく使って獲物に近づく。あるヒアリがまず獲物を刺すと、そのヒアリは化学物質（フェロモン）を発する。そしてそのフェロモンに他のヒアリ達はひきつけられて集まり、すぐさま獲物を攻撃する。

もとは南米原産のアリだが、今では北米、オセアニア、南アジアにもいる。植物も昆虫も食べる雑食性で、まだ巣にいる鳥のひなまで食べる。耕作地においては非常にやっかいな存在である。

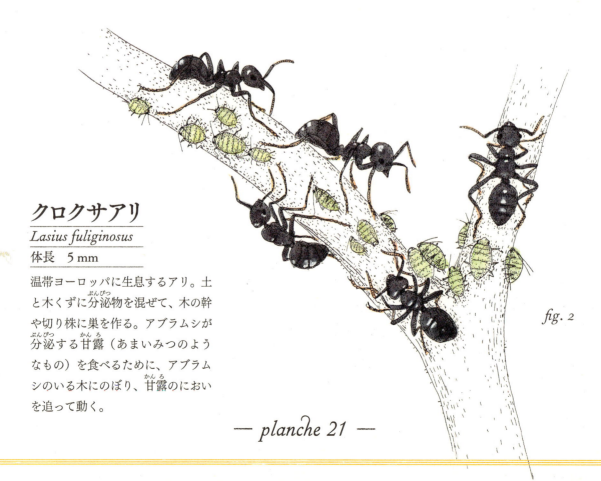

クロクサアリ
Lasius fuliginosus

体長　5mm

温帯ヨーロッパに生息するアリ。土と木くずに分泌物を混ぜて、木の幹や切り株に巣を作る。アブラムシが分泌する甘露（あまいみつのようなもの）を食べるために、アブラムシのいる木にのぼり、甘露のにおいを追って動く。

fig. 2

— *planche 21* —

［シロアリ目］

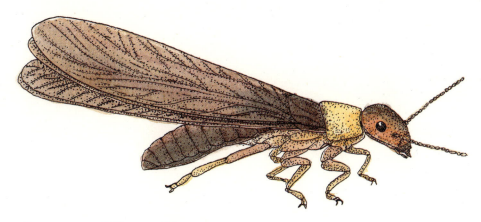

レイビシロアリの一種
Kalotermes flavicollis

体長　3mm

首の部分が黄色いシロアリで、地中海周辺部に生息する。シロアリの社会は、あらゆる昆虫の社会の中で最も複雑なものだとされる。巣は地中や木の中にあって、数年はもつように作られている。巣には王様アリ、女王アリ、体の小さい働きアリ、兵隊アリがいる。頭が非常に大きく、大あごは強力である。巣にいるシロアリのなかの何匹かには2組の羽が生えている。これらは分封（巣を出て新しい巣を別に作る）前の若い成虫だが、兵隊アリや働きアリは成虫であっても羽は生えない。木を食べる。

— *planche 22* —

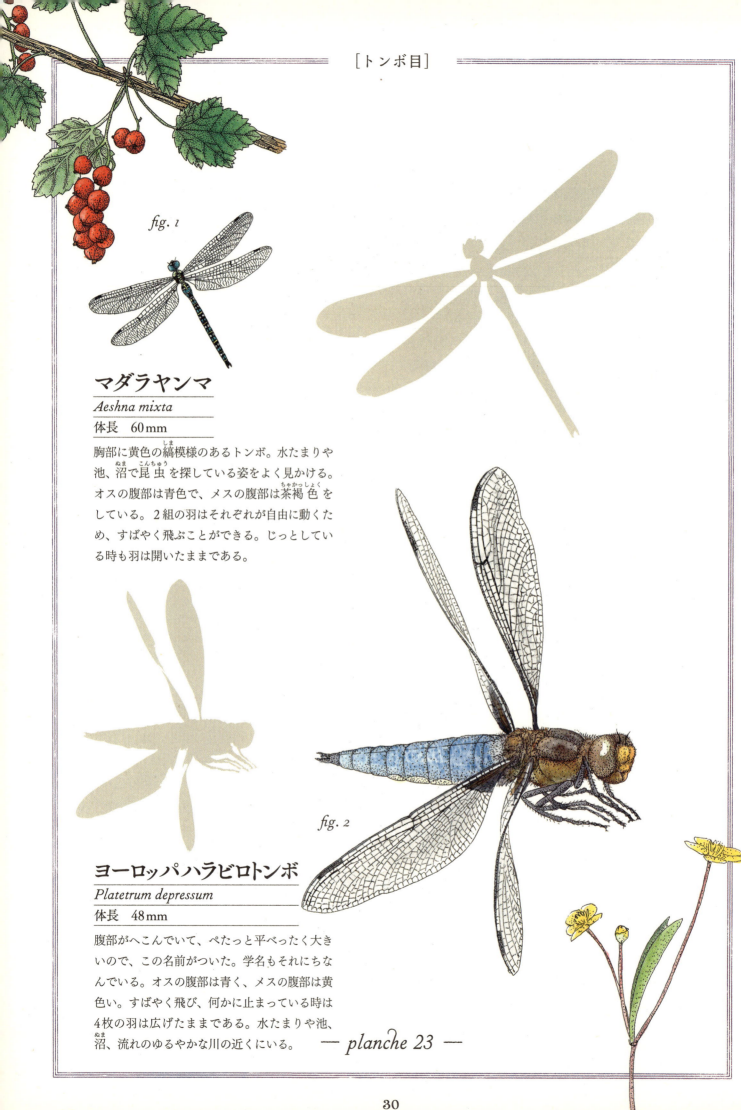

[トンボ目]

fig. 1

マダラヤンマ
Aeshna mixta

体長　60mm

胸部に黄色の縞模様のあるトンボ。水たまりや池、沼で昆虫を探している姿をよく見かける。オスの腹部は青色で、メスの腹部は茶褐色をしている。2組の羽はそれぞれが自由に動くため、すばやく飛ぶことができる。じっとしている時も羽は開いたままである。

fig. 2

ヨーロッパハラビロトンボ
Platetrum depressum

体長　48mm

腹部がへこんでいて、ぺたっと平べったく大きいので、この名前がついた。学名もそれにちなんでいる。オスの腹部は青く、メスの腹部は黄色い。すばやく飛び、何かに止まっている時は4枚の羽は広げたままである。水たまりや池、沼、流れのゆるやかな川の近くにいる。

— *planche 23* —

[トンボ目]

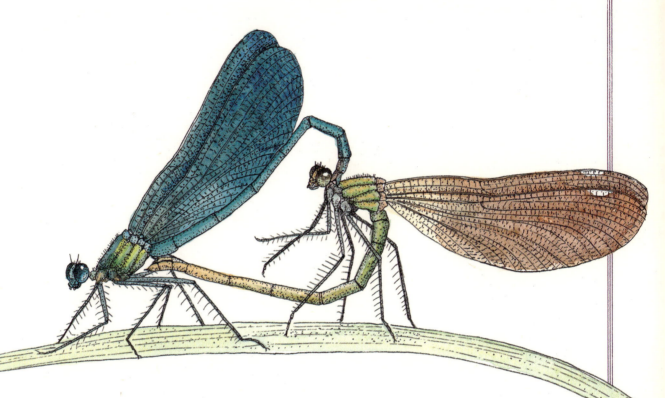

アオハダトンボの一種

Calopteryx virgo

体長　49mm

じっとしている時は、トンボやヤンマとはちがい、羽を体にそわせて折りたたんでいる。木がよく茂る小川のそばで生息し、昆虫をとって食べる。オスは青色でメスは栗色をしている。図は交尾のようす。

— *planche 24* —

[カメムシ亜目]

カメムシ
体長　種類によって7〜12mm

アカスジカメムシの一種
Graphosoma lineatum

好熱昆虫。熱気を帯びた場所を好む。セリ科の植物に大量発生する。

fig. 1

fig. 2

ナガメの一種
Eurydema oleraceum

野菜を食いあらす。

fig. 3

ホシカメムシ
Pyrrhocoris apterus

陽のよく当たる木の根元にいる。

fig. 4

ヘリカメムシの一種
Coreus marginatus

茶褐色の大きなカメムシで、頭部と前背板にとげがある。スイバに止まっていたり、水辺や湿気のある森の中にいたりする。果実や野菜を食べる。

ヨーロッパヒメタイコウチ
Nepa cinerea

水中にすむ大きなカメムシ。岸辺の近く、あまり深くないよどんだ水の中にいる。呼吸管を使って息をする。呼吸管を使って空気をキャッチし、さやばねの下にためこむ。泳げるが、泥の中を脚を使って自在に移動できる。飛ぶ姿を見ることは非常にまれ。呼吸管の部分を除いて、体長は25mmまでになる。

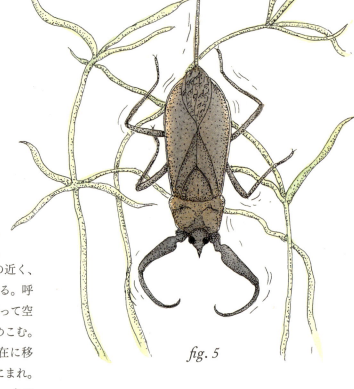
fig. 5

— *planche 25* —

［ゴキブリ目、シラミ目］

チャバネゴキブリ
Blattella germanica

体長　12mm

学名（ドイツのゴキブリ）にもかかわらず、ドイツには生息していない。2組の羽を持ち、だ円形の平べったい形をしており、家のすき間にもぐりこめる。夜行性で、ほとんど振動を立てずにとても速くにげる。集団で生活し、フェロモンを出して他の個体を呼び寄せる。食べ物のあるところや下水道、ゴミ捨て場の近くで暖かく湿った場所に集団で生息する。なんと4億年前には、すでに地球上に生息していた。

fig. 1

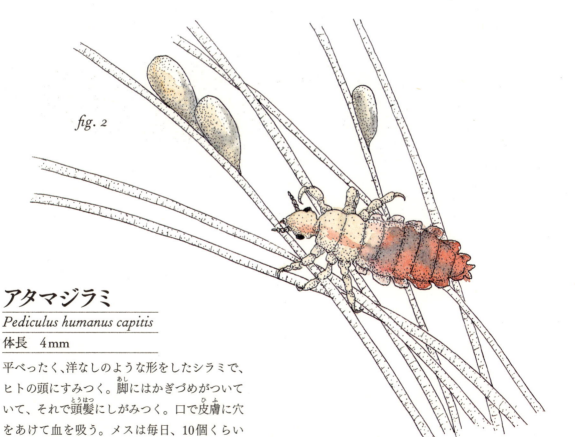

fig. 2

アタマジラミ
Pediculus humanus capitis

体長　4mm

平べったく、洋なしのような形をしたシラミで、ヒトの頭にすみつく。脚にはかぎづめがついていて、それで頭髪にしがみつく。口で皮膚に穴をあけて血を吸う。メスは毎日、10個くらいの卵を髪の根元に産みつける。アタマジラミは、6000種もいるシラミのうちのひとつ。

— *planche 26* —

33

[ハサミムシ目]

ヨーロッパクギヌキハサミムシ
Forficula auricularia

体長　20mm

体の外側はこげ茶色のかたい膜(まく)でおおわれていて、後方にハサミの形をした突起物(とっき)がついている。ハサミはメスではほぼまっすぐ、オスではメスに比べて曲がった形をしている。無脊椎動物(むせきつい)にはまれなことだが、母性本能があり、メスは産卵すると卵を守り表面をきれいにしたりする。樹皮の下や花の中におり、夜に活動する。

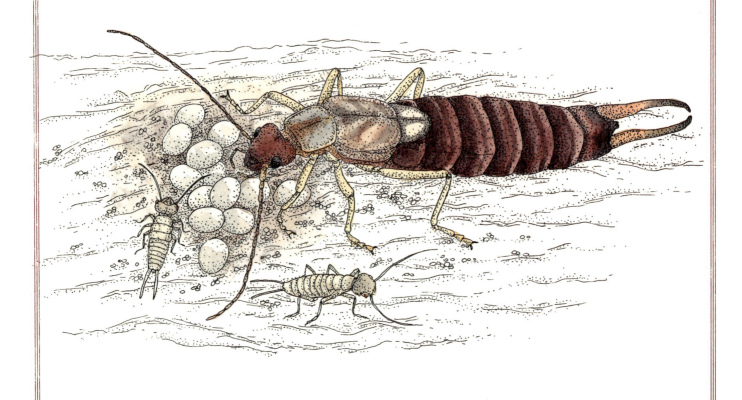

— *planche 27* —

[ヨコバイ亜目]

トネリコゼミ
Lyristes plebejus
体長　28mm

幼虫は地中に何ヶ月ももぐっていて、そこで根やうろを食べて育つ。さなぎになると地中から出て樹の枝に止まり、そこで最後の変態をして成虫になる。成虫はその後数ヶ月の間、樹木から採取した樹液を吸って生きる。オスは、腹部にある器官で音を鳴らしてメスをひきつける。その音はシンバルに似ていて、オスがメスをひきつけるのを「シンバルを鳴らしている」と言ったりする。アメリカには、なんと17年も幼虫のまま地中にいるセミがいる。

— *planche 28* —

[キリギリス亜目]

レプトフィエス・プンクタティッシマ
Leptophyes punctatissima

体長　オスは14mm、メスは17mm

短い羽と長くて節のある触角を持ったキリギリス。草むらにかくれて暮らし、飛びはねながら移動する。口に物をかみくだける部分がある。オスは羽をこすってするどい音を出して鳴く。この絵はメスで、体の後部に短剣の形をした突起物がついている。これは産卵管で、メスはこれを使って卵を土中にうめこむ。

— *planche 29* —

[キリギリス亜目]

ヨーロッパクロコオロギ

Gryllus campestris

体長　27mm

腹部分が平べったく、頭部は腹部より大きい。キリギリスよりずんぐりしており、草原の中をはねるというよりむしろ走っている。羽は飛ぶためでなく、羽をこすりあわせて音を出して鳴くためにある。植物や小さな昆虫を食べる。

— *planche 30* —

[バッタ亜目]

オエディポーダ・コエルレスセンス
Oedipoda caerulescens

体長：オスは21mm、メスは28mm

あらゆるバッタと同じく、触角はキリギリスと比べて短い。オスはメスの気を引くために日中にさえずる。低地ヨーロッパ、アフリカ、アジアの植生の中で見かける。羽を折りたたんでいると、土の色と同化してしまいうまく見分けられない。一方、飛んだりはねたりする時には、その青く素晴らしい羽を目にすることができる。世界には1万種ものバッタがおり、農作物に被害をあたえている。

— *planche 31* —

［カマキリ目］

ウスバカマキリ
Mantis religiosa

体長　80mm

ウスバカマキリの学名は「信心深いカマキリ」という意味だが、それは両前脚の形に由来している。前脚はトゲでおおわれ、祈りをささげているような形でくっつき合っている。三角形をした頭部はほぼ180°回るため、後ろにあるものを見ることができる。大きな目をしていて、前背板はとても長い。昼間に活動し、飛ぶこともできる。別名「草原のトラ」。昆虫を口でくだいて食べ、かたい部分は食べずに放ったらかしていくからである。メスは交尾したばかりのオスを食い殺すことがある。ヨーロッパ、アジア、北米に生息している。

— *planche 32* —

[ナナフシ目]

ナナフシの一種
Ctenomorpha chronus
体長　30cm

別名「小枝の昆虫」。これは木の枝に擬態した姿が見事であるため。30cmに達するものもいて、最大の昆虫である。昼間はじっとしており、夜に移動し植物を食べる。これは夜のほうが体の色が濃くなるためだ。敵に脚をつかまれると、自分でその脚を切りはなしてにげることができる。熱帯雨林でとりわけよく見かけられる。ここにえがかれたナナフシはオーストラリア南部に生息している。

オーストラリアの巨大ナナフシは、実際はこの絵の2倍の大きさ

— *planche 33* —

[ナナフシ目]

コノハムシの一種
Phyllium bioculatum

体長　60mm

見事な擬態(ぎたい)を行う「木の葉虫」。30種ほどいて、オーストラリア北部、インド、インドネシア、セーシェル諸島に生息している。羽(さお羽)はあるが、飛べない。

この絵のコノハムシはほぼ実寸大

— *planche 34* —

索引

アオハダトンボの一種 —— 34
アカスジカメムシの一種 —— 32
アタマジラミ —— 33
アポロウスバシロチョウ —— 17
イエバエ —— 25
イカロスヒメシジミ —— 20
イリスコムラサキ —— 21
ウスバカマキリ —— 39
ウンモンテントウの一種 —— 6
オエディポーダ・コエルレスセンス —— 38
オオカシカミキリ —— 10
オオカバマダラ —— 18
オオモンシロチョウ —— 20
カ —— 24
カイコガ —— 22
カッコウムシの一種 —— 12
カメムシ —— 32
キアゲハ —— 20
キオビクロスズメバチ —— 26

キベリタテハ —— 16
キンイロハナムグリ —— 7
クジャクチョウ —— 20
クモマツマキチョウ —— 20
クルクリオ・ヌークム —— 13
クロクサアリ —— 28
コカメノコテントウ —— 6
コノハムシの一種 —— 41
コヒオドシ —— 20
ゴライアスオオツノハナムグリ —— 9
コロラドハムシ —— 13
シータテハ —— 21
シロジュウシホシテントウ —— 6
セイヨウミツバチ —— 27
チャバネゴキブリ —— 33
テントウムシ —— 6
ドクロメンガタスズメ —— 22

- トネリコゼミ —— 35
- ナガメの一種 —— 32
- ナナフシの一種 —— 40
- ナナホシテントウ —— 6
- ナミテントウ —— 6
- ニシキオオツバメガ —— 19
- ヒアリ —— 28
- ヒジリタマオシコガネ —— 7
- ベッコウハナアブの一種 —— 25
- ヘリカメムシの一種 —— 32
- ホシカメムシ —— 32
- マダラヤンマ —— 30
- ミイロタイマイ —— 23
- ミドリニワハンミョウ —— 15
- ミドリヒョウモン —— 21
- ムラサキツルギタテハ —— 16
- ヤマキチョウ —— 20
- ヨツモンシタベニヒトリ —— 21
- ヨーロッパアカタテハ —— 20
- ヨーロッパクギヌキハサミムシ —— 34
- ヨーロッパクロコオロギ —— 37
- ヨーロッパコフキコガネ —— 8
- ヨーロッパタイマイ —— 21
- ヨーロッパハラビロトンボ —— 30
- ヨーロッパヒメタイコウチ —— 32
- ヨーロッパミヤマクワガタ —— 14
- ヨーロッパルリボシカミキリ —— 11
- ヨナグニサン —— 23
- ラシオンマタ・メゲラ —— 20
- レイビシロアリの一種 —— 29
- レプトフィエス・プンクタティッシマ —— 36